La Mante religieuse

27 rue de Lorgeril
35000 Rennes
lapartcommune@laposte.net
http://www.lapartcommune.com
Graphisme : Sandrine Duvillier

Jean-Henri Fabre

La Mante religieuse

LA PART COMMUNE

Jean-Henri Casimir Fabre (21 décembre 1823 à Saint-Léons du Lévézou – 11 octobre 1915 à Sérignan) a grandi dans la ferme de ses grands-parents paternels, dans le Rouergue. Sa scolarité va être chaotique, en raison des difficultés matérielles de son père, paysan reconverti cafetier, et des tribulations familiales pendant l'exode rural. Il doit renoncer à la médecine et quitte l'école très tôt, pour vendre des citrons avant d'être embauché comme manœuvre pour les chemins de fer. Il réussit néanmoins, en 1840, le concours d'entrée d'élèves instituteurs à Avignon. Il commence sa carrière dans l'enseignement à seulement dix-neuf ans, à Carpentras, où il reprend son étude du latin et du grec et épouse une institutrice, Marie-Césarine Villard, dont il aura sept enfants. Parallèlement à son métier, il décroche deux licences de mathématiques et de sciences physiques, et s'adonne à sa passion des insectes. En 1849, il est nommé professeur de physique à Ajaccio, où il va passer quatre années. Il est ensuite affecté au lycée impérial d'Avignon, où il va rester dix-huit ans. Après avoir obtenu une licence en sciences naturelles, en 1854, il prépare un double doctorat d'entomologie et de botanique, qu'il soutient à Paris, obtenant même un prix de l'Académie des sciences. Fabre va désormais échanger avec les scientifiques de son époque, et Pasteur lui rend même visite en 1865 pour tenter de sauver l'industrie séricicole française décimée par une épidémie. En 1866, il est nommé conservateur du musée d'Histoire naturelle d'Avignon et est décoré de la Légion d'honneur trois ans plus tard. Il donne des cours du soir pour adultes qui connaissent un franc succès, mais dénoncé comme un être subversif et dangereux pour la morale par les autorités ecclésiastiques, il démissionne de l'enseignement en 1870. Grâce à l'aide financière du philosophe anglais John Stuart Mill, qui est allé l'écouter, il part s'installer à Orange. Il commence alors à rédiger ses Souvenirs entomologiques, *dont la première série paraît en 1891 – la dixième et dernière paraîtra en 1907. En 1879, grâce à l'argent que lui rapportent ses livres, il achète une propriété, L'Harmas, à la sortie du village de Sérignan-du-Comtat, dont il entend faire le premier laboratoire vivant de la nature. Après la mort de sa première épouse, en 1885, il se remarie en 1887 avec Marie Josèphe Daudel, de quarante-et-un ans sa cadette, dont il aura trois enfants. Fabre se heurte à des difficultés matérielles croissantes, même s'il est proposé pour le prix Nobel de littérature en 1904. Le préfet du Vaucluse et le député du Loir-et-Cher lui obtiennent des aides publiques, et un jubilé est organisé auquel participent des personnalités comme Poincaré, Rostand, Rolland ou Maeterlinck. À nouveau veuf, il s'éteint chez lui, des suites d'une crise d'urémie.*

"La Mante religieuse" a paru dans la cinquième série des Souvenirs entomologiques. Études sur l'instinct et les mœurs des Insectes, *Librairie Ch. Delagrave, Paris, 1897.*

LA MANTE

LA CHASSE

Encore une bête du Midi, d'intérêt au moins égal à celui de la Cigale, mais de célébrité bien moindre, parce qu'elle ne fait point de bruit. Si le Ciel l'eût gratifiée de cymbales, première condition de la popularité, elle éclipserait le renom de la célèbre chanteuse, tant sont étranges et sa forme et ses mœurs. On l'appelle ici *lou Prègo-Diéu*, la bête qui prie Dieu. Son nom officiel est Mante religieuse (*Mantis religiosa*, Linn.).

Le langage de la science et le naïf vocabulaire du paysan sont ici d'accord et font de la bizarre créature une pythonisse rendant ses oracles, une ascète en extase mystique. La comparaison date de loin. Déjà les Grecs appelaient l'insecte *Mantiz*, le devin, le prophète. L'homme des champs n'est pas difficile en fait d'analogies ; il supplée richement aux vagues données des apparences. Il a vu sur les herbages brûlés par le soleil un insecte de belle prestance, à demi redressé majestueusement. Il a remarqué ses amples et fines ailes vertes, tramant à la façon de longs voiles de lin ; il a vu ses pattes antérieures, des bras pour ainsi dire, levées vers le ciel en posture d'invocation. Il n'en fallait pas davantage ; l'imagination populaire a fait le reste ; et voilà, depuis les temps antiques, les broussailles peuplées de devineresses en exercice d'oracle, de religieuses en oraison.

Ô bonnes gens aux naïvetés enfantines, quelle erreur était la vôtre ! Ces airs patenôtriers cachent des mœurs atroces ; ces bras suppliants sont d'horribles machines de brigandage : ils n'égrènent pas des chapelets, ils exterminent qui passe à leur portée. Par une exception qu'on serait loin de soupçonner dans la série herbivore des Orthoptères, la Mante se nourrit exclusivement, de proie vivante. Elle est le tigre des paisibles populations entomologiques, l'ogre en embuscade qui prélève le tribut de chair fraîche. Supposons-lui vigueur suffisante, et ses appétits carnassiers, ses traquenards d'horrible perfection en feraient la terreur des campagnes. Le *Prègo-Diéu* deviendrait vampire satanique.

Son instrument de mort à part, la Mante n'a rien qui inspire appréhension. Elle ne manque même pas de gracieuseté, avec sa taille svelte, son élégant corsage, sa coloration d'un vert tendre, ses longues ailes de gaze. Pas de mandibules féroces, ouvertes en cisailles ; au contraire, un fin museau pointu qui semble fait pour becqueter. À la faveur d'un cou flexible, bien dégagé du thorax, la tête peut pivoter, se tourner de droite et de gauche, se pencher, se redresser. Seule parmi les insectes, la Mante dirige son regard ; elle inspecte, elle examine ; elle a presque une physionomie.

Le contraste est grand entre l'ensemble du corps, d'aspect très pacifique, et la meurtrière machine des pattes antérieures, si justement qualifiées de ravisseuses. La hanche est d'une longueur et d'une puissance insolites. Son rôle est de lancer en avant le piège à loups qui n'attend pas la victime, mais va la chercher. Un peu de parure embellit le traquenard. À la face interne, la base de la hanche est agrémentée d'une belle tache noire ocellée de blanc ; quelques rangées de fines perles complètent l'ornementation.

La cuisse, plus longue encore et sorte de fuseau déprimé, porte à la face inférieure, sur la moitié d'avant, une double rangée d'épines acérées. La rangée interne en comprend une douzaine, alternativement noires et plus longues, vertes et plus courtes. Cette alternance des longueurs inégales multiplie les points d'engrenage et favorise l'efficacité de l'arme. La rangée externe est plus simple et n'a que quatre dents. Enfin trois aiguillons, les plus longs de tous, se dressent en arrière de la double série. Bref, la cuisse est une scie à deux lames parallèles, que sépare une gouttière où vient s'engager la jambe repliée.

Celle-ci, très mobile sur son articulation avec la cuisse, est également une scie double, à dents plus petites, plus nombreuses et plus serrées que celles de la cuisse. Elle se termine par un robuste croc dont la pointe rivalise d'acuité avec la meilleure aiguille, croc canaliculé en dessous, à double lame de couteau ou de serpette.

Outil de haute perfection pour transpercer et déchirer, ce harpon m'a laissé de piquants souvenirs. Que de fois, dans mes chasses, griffé par la bête que je venais de prendre et n'ayant pas les deux mains libres, il m'a fallu recourir à l'aide d'autrui pour me libérer de ma tenace capture ! Qui voudrait se dépêtrer par la violence, sans dégager avant les crocs implantés, s'exposerait à des éraflures comme pourraient en faire les aiguillons du rosier. Aucun de nos insectes n'est de maniement plus incommode. Cela vous griffe de ses pointes de serpette, vous larde de ses piquants, vous saisit de ses étaux, et vous rend la défense à peu près impossible si, désireux de conserver votre prise vivante, vous ménagez le coup de pouce qui mettrait fin à la lutte en écrasant la bête.

Au repos, le traquenard est plié et redressé contre la poitrine, inoffensif en apparence. Voilà l'insecte qui prie. Mais qu'une proie vienne à passer, et la posture d'oraison brusquement cesse. Soudain déployées, les trois longues pièces de la machine portent au loin le grappin terminal, qui harponne, revient en arrière et amène la capture entre les deux scies. L'étau se referme par un mouvement pareil à celui du bras vers l'avant-bras ; et c'est fini : criquet, sauterelle et autres plus puissants, une fois saisis dans l'engrenage à quatre rangées de pointes, sont perdus sans ressource. Ni leurs trémoussements désespérés ni leurs ruades ne feront lâcher le terrible engin.

Impraticable dans la liberté des champs, l'étude suivie des mœurs exige ici l'éducation à domicile. L'entreprise n'a rien de difficile : la Mante est peu soucieuse de son internement sous cloche, à la condition d'être bien nourrie. Donnons-lui des vivres de choix, renouvelés tous les jours, et le regret des buissons ne la tourmentera guère.

J'ai pour volières, à l'usage de mes captives, une dizaine d'amples cloches en toile métallique, les mêmes dont il se fait emploi pour mettre à l'abri des mouches certaines provisions de table. Chacune repose sur une terrine remplie de sable. Une touffe sèche de thym, une pierre plate où pourra plus tard se faire la ponte, en composent tout l'ameublement. Ces chalets sont rangés sur la grande table de mon laboratoire aux bêtes, où le soleil les visite la majeure partie de la journée. J'y installe mes captives, les unes isolées, les autres par groupes.

C'est dans la seconde quinzaine du mois d'août que je commence à rencontrer l'insecte adulte dans les herbages fanés, les broussailles, au bord des chemins. Les femelles, à ventre déjà volumineux, sont de jour en jour plus fréquentes. Leurs fluets compagnons sont, au contraire, assez rares, et j'ai parfois bien de la peine à compléter mes couples, car il se fait dans les volières une tragique consommation de ces nains. Réservons ces atrocités pour plus tard, et parlons d'abord des femelles.

Ce sont de fortes mangeuses dont l'entretien, lorsqu'il doit durer quelques mois, n'est pas sans difficultés. Il faut renouveler presque chaque jour les provisions, pour la majeure part gaspillées en dégustations dédaigneuses. Sur ses broussailles natales, la Mante, j'aime à le croire, est plus économe. Le gibier n'abondant pas, elle utilise à fond la pièce saisie; dans mes volières, elle est prodigue. Souvent, après quelques bouchées, elle laisse choir, elle abandonne le riche morceau sans en tirer d'autre profit. Ainsi se trompent, paraît-il, les ennuis de la captivité.

Pour faire face à ce luxe de table, il me faut recourir à des aides. Deux ou trois petits désœuvrés du voisinage, gagnés par la tartine et la tranche de melon, vont, matin et soir, dans les pelouses d'alentour, garnir leurs bourriches, étuis en bouts de roseau, où s'entassent vivants criquets et sauterelles. De mon côté, le filet, à la main, je fais quotidiennement une tournée dans l'enclos, désireux de procurer à mes pensionnaires quelque gibier de choix.

Ces pièces d'élite, je les destine à m'apprendre jusqu'où peuvent aller l'audace et la vigueur de la Mante. De ce nombre sont le gros Criquet cendré (*Pachytylus cinerascens*, Fab.), dépassant en volume celle qui doit le consommer ; le Dectique à front blanc[1], armé de vigoureuses mandibules dont les doigts ont à se méfier ; le bizarre

1. Espèce de sauterelle (*Decticus albifrons*), de la famille des Tettigoniidés.

Truxale[2], coiffé d'une mitre en pyramide ; l'Éphippigère des vignes[3], qui fait grincer des cymbales et porte sabre au bout du ventre bedonnant. À cet assortiment de gibier peu commode, ajoutons deux horreurs, deux araignées parmi les plus grandes du pays : l'Épeire soyeuse, dont l'abdomen discoïde et festonné a l'ampleur d'une pièce de vingt sous ; l'Épeire diadème, affreusement hirsute et ventrue.

Qu'en liberté la Mante s'attaque à de pareils adversaires, je ne peux en douter lorsque je la vois, sous mes cloches, livrer hardiment bataille à tout ce qui se présente. À l'affût parmi les buissons, elle doit profiter des aubaines opulentes offertes par le hasard, comme elle profite, sous le grillage métallique, des richesses dues à ma générosité. Ces grandes chasses, pleines de péril, ne s'impro-

---

2. Le truxale désigne plusieurs espèces de criquets de la famille des Acrididés.

3. Insecte orthoptère (*Ephippiger ephippiger*) de la famille des Tettigonnidés.

visent pas ; elles doivent être dans les habitudes courantes. Toutefois, elles me paraissent rares, faute d'occasion, et au grand regret de la Mante peut-être.

Criquets de toute espèce, papillons, libellules, grosses mouches, abeilles et autres moyennes captures, voilà ce qu'on rencontre habituellement entre les pattes ravisseuses. Toujours est-il que dans mes volières l'audacieuse chasseresse ne recule devant rien. Criquet cendré et Dectique, Épeire et Truxale, tôt ou tard sont harponnés, immobilisés entre les scies et délicieusement croqués. La chose mérite d'être racontée.

À la vue du gros Criquet qui s'est étourdiment approché sur le treillis de la cloche, la Mante, secouée d'un soubresaut convulsif, se met soudain en terrifiante posture. Une commotion électrique ne produirait pas effet plus rapide. La transition est si brusque, la mimique si menaçante, que l'observateur novice sur-le-champ hésite, retire la main, inquiet d'un danger inconnu. Si la pensée est ailleurs, je ne peux encore, vieil habitué, me défendre d'une certaine surprise. On a devant soi, à l'improviste, une sorte d'épouvantail, de diablotin chassé hors de sa boîte par l'élasticité d'un ressort.

Les élytres s'ouvrent, rejetés obliquement de côté ; les ailes s'étalent dans toute leur ampleur et se dressent en voiles parallèles, en vaste cimier qui domine le dos ; le bout du ventre se convolute en crosse, remonte, puis s'abaisse et se détend par brusques secousses avec une sorte de souffle, un bruit de puf ! puf ! rappelant celui du dindon qui fait la roue. On dirait les bouffées d'une couleuvre surprise.

Fièrement campé sur les quatre pattes postérieures, l'insecte tient son long corsage presque vertical. Les pattes ravisseuses, d'abord ployées et appliquées l'une contre l'autre devant la poitrine, s'ouvrent toutes grandes, se projettent en croix et mettent à découvert les aisselles ornementées de rangées de perles et d'une tache noire à point central blanc. Les deux ocelles, vague imitation de ceux de la queue du paon, sont, avec les fines bosselures éburnéennes, des joyaux de guerre tenus secrets en temps habituel. Cela ne s'exhibe de l'écrin qu'au moment de se faire terrible et superbe pour la bataille.

Immobile dans son étrange pose, la Mante surveille l'acridien, le regard fixé dans sa direction, la tête pivotant un peu à mesure que l'autre se déplace. Le but de cette mimique est évident : la Mante veut terroriser, paralyser d'effroi la puissante venaison, qui, non démoralisée par l'épouvante, serait trop dangereuse.

Y parvient-elle ? Sous le crâne luisant du Dectique, derrière la longue face du Criquet, nul ne sait ce qui se passe. Aucun signe d'émotion ne se révèle à nos regards sur leurs masques impassibles. Il est certain néanmoins que le menacé connaît le danger. Il voit se dresser devant lui un spectre, les crocs en l'air, prêts à s'abattre ; il se sent en face de la mort et il ne fuit pas lorsqu'il en est temps encore. Lui qui excelle à bondir et qui si aisément pourrait s'élancer loin des griffes, lui le sauteur aux grosses cuisses, stupidement reste en place ou même se rapproche à pas lents.

On dit que les petits oiseaux, paralysés de terreur devant la gueule ouverte du serpent médusés par le regard du reptile, se laissent happer, incapables d'essor. À peu près ainsi se comporte, bien des fois, l'acridien. Le voici à portée de la fascinatrice. Les deux grappins s'abattent, les griffes harponnent, les doubles scies se referment, enserrent. Vainement le malheureux proteste : ses mandibules mâchent à vide, ses ruades désespérées fouettent l'air. Il faut y passer. La Mante replie les ailes, son étendard de guerre ; elle reprend la pose normale, et le repas commence.

Dans l'attaque du Truxale et de l'Éphippigère, gibiers moins périlleux que le Criquet cendré et le Dectique, la pose spectrale est moins imposante et de moindre durée. Les grappins lancés souvent suffisent. Ils suffisent aussi à l'égard de l'Épeire, saisie par le travers du corps, sans nul souci des crochets à venin. Avec les modestes Criquets, menu habituel sous mes cloches comme en liberté, la Mante emploie rarement ses moyens d'intimidation ; elle se borne à saisir l'étourdi passant à sa portée.

Lorsque la pièce à capturer peut présenter résistance sérieuse, la Mante a donc à son service une pose qui terrorise, fascine la proie et donne aux crocs le moyen de happer sûrement. Ses pièges à loups se referment sur une victime démoralisée, incapable de défense. Elle immobilise d'effroi son gibier au moyen d'une brusque attitude de spectre.

Un grand rôle revient aux ailes dans la fantastique pose. Elles sont très amples, vertes au bord externe, incolores et diaphanes dans tout le reste. De nombreuses nervures, rayonnant en éventail, les parcourent dans le sens de la longueur. D'autres, plus fines et transversales, coupent les premières à angle droit et forment avec elles une multitude de mailles. Dans l'attitude spectrale, les ailes s'étalent et se redressent en deux plans parallèles qui se touchent presque, comme le font les ailes des papillons diurnes au repos. Entre les deux se meut, par brusques élans, le bout convoluté de l'abdomen. Du frôlement du ventre contre le réseau des nervures alaires provient l'espèce de souffle que j'ai comparé aux bouffées d'une couleuvre en posture défensive. Pour imiter l'étrange bruit, il suffit de promener rapidement le bout de l'ongle contre la face supérieure d'une aile déployée.

Des ailes s'imposent au mâle, nain fluet qui doit, d'une broussaille à l'autre, vagabonder pour la pariade. Il les a bien développées, suffisantes, et de reste, pour ses essors, dont la plus grande portée atteint à peine quatre ou cinq de nos pas. Il est très sobre, ce mesquin. Fort rarement, dans mes volières, je le surprends avec un maigre Criquet, une proie de rien, des plus inoffensives. C'est dire qu'il ne connaît pas la pose de fantôme, inutile pour lui, chasseur de peu d'ambition.

L'opportunité des ailes ne se comprend pas, au contraire, pour la femelle, démesurément obèse à la maturité des œufs. Elle grimpe, elle court ; jamais elle ne vole, alourdie par son embonpoint. Alors dans quel but des ailes, et des ailes comme il y en a bien peu d'ampleur semblable ?

La question devient plus pressante si l'on considère la Mante décolorée (*Ameles decolor*), proche voisine de la Mante religieuse. Le mâle est ailé, et même d'essor assez prompt. La femelle, traînant gros ventre bourré d'œufs, réduit ses ailes à des moignons et porte veston à courtes basques comme les fromagers de l'Auvergne et de la Savoie. Pour qui ne doit pas quitter les gazons secs et les pierrailles, ce costume écourté sied mieux que d'inutiles falbalas de gaze. La mante décolorée a raison de ne garder que simple vestige de l'encombrante voilure.

L'autre a-t-elle tort de conserver des ailes, de les exagérer quoique d'essor nul ? Pas du tout : la Mante religieuse chasse le gros gibier. Parfois, en son affût, se présente une pièce périlleuse à dompter. L'attaque directe pourrait être fatale. Il convient d'abord d'intimider le survenant, de mater sa résistance par la terreur. Dans ce but, elle déploie soudain ses ailes en suaire de fantôme. Les vastes voiles inhabiles au vol sont des engins de chasse. Ce stratagème n'est pas nécessaire à la petite Mante décolorée, qui capture, débile proie, Moucherons et Criquets naissants. De mœurs pareilles et ne pouvant ni l'une ni l'autre voler pour cause d'obésité, les deux chasseresses ont des costumes en rapport avec les difficultés de l'embuscade. La première, violente amazone, amplifie ses ailes en menaçant étendard ; la seconde, modeste oiseleur, les réduit à des basques exiguës.

En un moment de fringale, après un jeûne de quelques jours, le Criquet cendré, pièce de volume égal ou même supérieur à celui de la Mante religieuse, est intégralement consommé, moins les ailes, trop arides. Pour ronger la monstrueuse venaison, deux heures suffisent. Semblable orgie est rare. J'y ai assisté une ou deux fois, me demandant toujours comment la gloutonne bête trouvait place pour tant de nourriture, et comment se renversait en sa faveur l'axiome du contenu moindre que le contenant. J'admire ces hautes prérogatives d'un estomac où la matière ne fait que passer : aussitôt digérée, fondue, disparue.

L'habituel menu sous mes cloches est le Criquet, de taille et d'espèce fort variables. Il n'est pas sans intérêt de voir la Mante grignoter son acridien, que maintiennent à la fois les deux étaux des pattes ravisseuses. Malgré le fin museau pointu, qui semble peu fait pour cette ripaille, la pièce entière disparaît, à l'exception des ailes, dont la base seule, un peu charnue, est mise à profit. Les pattes, les téguments coriaces, tout y passe. Parfois le gigot, l'une des grosses cuisses postérieures, est saisi par le manche. La Mante le porte à la bouche, le déguste, le gruge avec un petit air de satisfaction. La cuisse renflée du Criquet pourrait bien être pour elle un morceau de choix, comme est pour nous le gigot du mouton.

L'attaque de la proie commence par la nuque. Tandis que l'une des pattes ravisseuses tient le patient harponné par le milieu du corps, l'autre presse la tête et fait bâiller le cou en dessus. En ce défaut de la cuirasse fouille et mordille le museau de la Mante, avec une certaine persistance. Une large plaie cervicale s'ouvre. Les ruades de l'acridien se calment, la proie se fait cadavre inerte ; et désormais, plus libre de mouvements, la carnassière bête choisit à sa guise les morceaux.

Ce fait de la nuque rongée la première est trop constant pour ne pas avoir sa raison d'être. Permettons-nous une digression qui nous renseignera. En juin, je rencontre fréquemment sur les lavandes de l'enclos deux petites araignées crabes (*Thomisus onustus*, Walck., et *Thomisus rotundatus*, Walck.). L'une, d'un blanc satiné, a les pattes annelées de vert et de rose; l'autre, d'un noir intense, a l'abdomen cerclé de rouge avec tache centrale foliacée. Ce sont deux gracieuses aranéides, marchant de côté à la façon des crabes. Elles ne savent pas se tisser un filet de chasse; le peu de soie qu'elles possèdent est exclusivement réservé pour le sachet de bourre où sont renfermés les œufs. Leur tactique consiste donc à se tenir en embuscade sur les fleurs, et à se jeter à l'improviste sur la proie qui vient y butiner.

Leur gibier de prédilection est l'Abeille domestique. Je les surprends maintes fois avec leur capture, tantôt happée par la nuque et tantôt par un point quelconque du corps, même par le bout de l'aile. Dans tous les cas, l'Abeille est morte, les pattes pendantes, la langue étirée.

Les crochets venimeux implantés dans la nuque me donnent à réfléchir; j'y vois un trait frappant de ressemblance avec la pratique de la Mante lorsqu'elle entame son Criquet. Puis surgit aussi cette question: comment la faible aranéide, vulnérable en tout point de son corps mou, parvient-elle à s'emparer d'une proie comme l'Abeille, plus forte qu'elle, plus alerte et armée d'un aiguillon à piqûre mortelle ?

La disproportion est si grande entre l'assaillante et l'assaillie pour la vigueur corporelle et la puissance des armes, qu'une telle lutte semble impossible lorsque n'intervient aucun réseau, aucun lacet de soie qui entraverait, ligoterait la redoutable capture. Le contraste ne serait pas plus grand si le mouton s'avisait de sauter à la gorge du loup. Cependant l'audacieuse attaque a lieu, et la victoire reste au plus faible, comme le prouvent les nombreuses abeilles mortes que je vois sucées, des heures durant, par les Thomises. La faiblesse relative doit être compensée par un art spécial ; l'aranéide doit posséder une stratégie qui lui fait surmonter la difficulté en apparence insurmontable.

Épier les événements sur les bordures de lavande m'exposerait à de longues stations infructueuses. Il est préférable de faire moi-même les préparatifs du duel. Je mets sous cloche un Thomise avec un bouquet d'épis de lavande où sont déposées quelques gouttes de miel. Trois ou quatre abeilles vivantes complètent la volière.

Celles-ci n'ont cure du redoutable voisinage. Elles voltigent autour de l'enceinte treillissée ; de temps à autre elles vont prendre une lampée sur les fleurs miellées, parfois tout près de l'aranéide, à un demi-centimètre à peine. Elles semblent ignorer complètement le danger. L'expérience des âges ne leur a rien appris sur leur terrible égorgeur. Le Thomise, de son côté, se tient immobile sur un épi, au voisinage du miel. Les quatre pattes antérieures, plus longues, sont étalées, un peu relevées, prêtes à l'attaque.

Une abeille vient boire à la goutte de miel. C'est le moment. L'araignée s'élance et de ses crocs saisit l'imprudente par le bout des ailes, tandis que les pattes la tiennent gauchement enlacée. Quelques secondes se passent, l'abeille se démenant de son mieux avec l'agresseur sur le dos, hors des atteintes du stylet. Cette prise corps à corps ne peut durer longtemps, l'enlacée se dégagerait. Aussi l'autre lâche l'aile et d'un coup brusque happe la proie exactement par la nuque. Les crochets implantés, c'est fini : mort s'ensuit. L'abeille est foudroyée. De sa turbulente activité il ne reste plus que de faibles frémissements des tarses, dernières convulsions bientôt éteintes.

Tenant toujours la proie par la nuque, le Thomise fait régal, non du cadavre, qui reste intact, mais du sang lentement humé. Lorsque le col est tari, un autre point est sucé, sur l'abdomen, le thorax, au hasard. Ainsi s'explique comment mes observations en plein air me montraient le Thomise avec les crocs fixés tantôt sur la nuque, tantôt sur un autre point de l'abeille. Dans le premier cas, la capture était récente, et le meurtrier conservait sa pose du début ; dans le second cas, elle était déjà vieille ; et l'aranéide avait abandonné la blessure cervicale épuisée pour mordre sur une autre partie riche de sucs, n'importe laquelle.

Déplaçant ainsi ses crochets, un peu de-ci, un peu de-là, à mesure que la proie se tarit, le petit ogre se gorge du sang de la victime avec une voluptueuse lenteur. J'ai vu le repas durer sept heures consécutives, et encore la proie n'a-t-elle été lâchée qu'à la suite d'une surprise causée par mon examen indiscret. Le cadavre abandonné, relief de valeur nulle pour l'aranéide, n'est en rien démembré. Aucune trace de chairs mâchées, aucune blessure apparente. L'abeille est tarie de sang, et c'est tout.

Mon ami Bull, de son vivant, appréhendait par la peau du cou l'adversaire dont il était urgent de maîtriser les crochets. Sa méthode est d'usage général chez la race canine. Une gueule grondante, blanchie d'écume, est là, toute ouverte, prête à mordre ; la prudence la plus élémentaire conseille de l'immobiliser en saisissant la nuque. Dans la lutte avec son abeille, l'aranéide n'a pas le même but. Qu'a-t-elle à craindre de sa capture ? L'aiguillon avant tout, le terrible stylet dont le moindre coup la mettrait à mal.

Et cependant elle ne s'en préoccupe point. C'est à l'arrière du cou qu'elle en veut, uniquement là, jamais ailleurs, tant que la proie n'est pas morte. Ce faisant, elle ne se propose pas d'imiter la tactique du chien et d'immobiliser la tête, d'ailleurs bien peu dangereuse. Son dessein, de plus haute portée, nous est révélé par la fin foudroyante de l'abeille. Aussitôt la nuque happée, la capture agonise. Les centres cérébraux sont donc lésés, empoisonnés de venin, et le foyer primordial de vie dès l'instant s'éteint. Ainsi s'évite une lutte qui, prolongée, tournerait certainement au désavantage de l'agresseur. L'abeille a pour elle le dard et la force ; le délicat Thomise a pour lui la profonde science du meurtre.

Revenons à la Mante, qui possède, elle aussi, quelques notions sur cet art d'une mort prompte où excelle la petite araignée, si habile à juguler son abeille. Un robuste Criquet est saisi, parfois une puissante Sauterelle. Il convient de consommer en paix la victuaille, sans les soubresauts d'une proie qui ne veut absolument pas se laisser faire. Repas troublé manque de saveur. Or, le principal moyen de défense consiste ici dans les pattes postérieures, vigoureux leviers aux brutales ruades, et d'ailleurs dentelées en une scie qui éventrerait si par malheur elle venait à frôler la volumineuse panse de la Mante. Comment faire pour les réduire à l'impuissance, ainsi que les autres, peu dangereuses, mais embarrassantes tout de même, avec leurs gesticulations désespérées ?

Les amputer une à une serait à la rigueur praticable ; un peu long, il est vrai et non sans péril. La Mante a mieux trouvé. Elle connaît les secrets anatomiques de la nuque. En attaquant d'abord sa capture par l'arrière du cou entrebâillé, elle mâche les ganglions cervicaux, elle étouffe l'énergie musculaire dans sa source principale ; et l'inertie survient, non soudaine et complète, car le grossier Criquet n'a pas l'exquise et fragile vitalité de l'abeille, mais enfin suffisante dès les premières bouchées. Bientôt ruades et gesticulations s'épuisent, tout mouvement cesse, et la venaison, si grosse qu'elle soit, se consomme en pleine quiétude.

Parmi les venateurs, j'ai distingué autrefois ceux qui paralysent et ceux qui tuent, effrayants de science anatomique les uns et les autres. Aujourd'hui aux tueurs adjoignons le Thomise, expert dans le coup à la nuque, et la Mante, qui, pour dévorer à l'aise un puissant gibier, l'immobilise en lui rongeant d'abord les ganglions cervicaux.

LES AMOURS

Le peu que nous venons d'apprendre sur les mœurs de la Mante ne concorde guère avec ce que pouvait faire supposer l'appellation populaire. D'après le terme de *Prègo-Diéu*, on s'attendait à un insecte placide, dévotement recueilli, et l'on se trouve en présence d'un cannibale, d'un féroce spectre mâchant la cervelle de sa capture démoralisée par la terreur. Et ce n'est pas encore là le côté le plus tragique. Dans ses relations entre pareilles, la Mante nous réserve des mœurs comme on n'en trouverait pas d'aussi atroces même chez les Araignées, malfamées à cet égard.

Pour réduire le nombre de cloches encombrant ma grande table, pour me faire un peu de large tout en conservant ménagerie suffisante, j'installe dans la même volière plusieurs femelles, parfois jusqu'à la douzaine. Comme espace, le commun logis est convenable. Il y a place de reste pour les évolutions des captives, qui d'ailleurs, lourdes de ventre, n'aiment guère le mouvement. Accrochées au treillis du dôme, elles digèrent, immobiles, ou bien attendent le passage d'une proie. Ainsi font-elles en liberté parmi les broussailles.

La cohabitation a ses dangers. Je sais que lorsque le foin manque au râtelier, les ânes se battent, eux les pacifiques. Mes pensionnaires, moins accommodantes, pourraient bien, en un moment de disette, s'aigrir le caractère et batailler entre elles. J'y veille en tenant les volières bien approvisionnées de Criquets, renouvelés deux fois par jour. Si la guerre civile éclate, ne pourra s'invoquer l'excuse de la famine.

D'abord les choses ne vont pas mal. La population vit en paix, chaque Mante happant et grugeant ce qui passe à sa portée, sans chercher noise aux voisines. Mais cette période de concorde est de courte durée. Les ventres se gonflent, les ovaires mûrissent leurs chapelets d'œufs, le moment des noces et de la ponte approche. Alors éclate une sorte de rage jalouse, bien que soit absent tout mâle à qui pourraient s'imputer des rivalités féminines. Le travail des ovaires pervertit le troupeau, lui inspire la frénésie de s'entre-dévorer. Il y a des menaces, des prises de corps, des festins de cannibales. Alors reparaissent la pose de spectre, le souffle des ailes, le geste terrible des grappins étendus et levés en l'air. En face du Criquet cendré ou du Dectique à front blanc, les démonstrations hostiles ne seraient pas plus menaçantes.

Sans motif que je puisse soupçonner, deux voisines brusquement se dressent dans leur attitude de guerre. Elles tournent la tête de droite et de gauche, se provoquent, s'insultent du regard. Le *puf! puf!* des ailes frôlées par l'abdomen sonne la charge. Si le duel doit se borner à la première égratignure, sans autre suite plus grave, les pattes ravisseuses, maintenues ployées, s'ouvrent ainsi que les feuilles d'un livre, se rejettent de côté et encadrent le long corselet. Pose superbe, mais moins terrible que celle d'un combat à mort.

Puis l'un des grappins, d'une soudaine détente, s'allonge, harponne la rivale ; avec la même brusquerie, il se retire et se remet en garde. L'adversaire riposte. Deux chats se giflant rappellent un peu cette escrime. Au premier sang sur la molle bedaine, ou même sans la moindre blessure, l'une s'avoue vaincue et se retire. L'autre replie son étendard de bataille et va méditer ailleurs la capture d'un Criquet, tranquille en apparence mais toujours prête à recommencer la querelle.

Le dénouement tourne bien des fois de façon plus tragique. Alors est prise dans sa plénitude la pose des duels sans merci. Les pattes ravisseuses se déploient et se dressent en l'air. Malheur à la vaincue ! L'autre la saisit entre ses étaux, et se met sur l'heure à la manger, en commençant par la nuque, bien entendu. L'odieuse bombance se fait aussi paisiblement que s'il s'agissait de croquer une Sauterelle. L'attablée savoure sa sœur ainsi qu'un mets licite ; et l'entourage ne proteste pas, désireux d'en faire autant à la première occasion.

Ah ! les féroces bêtes ! On dit que les loups ne se mangent pas entre eux. La Mante n'a pas ce scrupule ; elle fait régal de sa pareille quand abonde autour d'elle son gibier favori, le Criquet. Elle a l'équivalent de l'anthropophagie, cet épouvantable travers de l'homme.

Ces aberrations, ces envies de bête en gésine peuvent atteindre un degré plus révoltant encore. Assistons à la pariade, et, pour éviter les désordres d'une société nombreuse, isolons les couples sous des cloches différentes. À chaque paire son domicile, où nul ne viendra troubler les noces. N'oublions pas les vivres, maintenus abondants, afin que n'intervienne pas l'excuse de la faim.

Nous sommes vers la fin d'août. Le mâle, fluet amoureux, juge le moment propice. Il lance des œillades vers sa puissante compagne ; il tourne la tête de son côté, il fléchit le col, il redresse la poitrine. Sa petite frimousse pointue est presque visage passionné. En cette posture, immobile, longtemps il contemple la désirée. Celle-ci ne bouge pas, comme indifférente. L'amoureux cependant a saisi un signe d'acquiescement, signe dont je n'ai pas le secret. Il se rapproche ; soudain il étale les ailes, qui frémissent d'un tremblement convulsif. C'est là sa déclaration. Il s'élance, chétif, sur le dos de la corpulente ; il se cramponne de son mieux, se stabilise. En général, les préludes sont longs. Enfin l'accouplement se fait, de longue durée lui aussi, cinq à six heures parfois.

Rien qui mérite attention entre les deux conjoints immobiles. Enfin ils se séparent, mais pour se rejoindre bientôt, de façon plus intime. Si le pauvret est aimé de la belle comme vivificateur des ovaires, il est aimé aussi comme gibier de haut goût. Dans la journée, en effet, le lendemain, au plus tard, il est saisi par sa compagne, qui lui ronge d'abord la nuque, suivant les us et coutumes, et puis méthodiquement, à petites bouchées, le consomme, ne laissant que les ailes. Ce n'est plus ici jalousie de sérail entre pareilles, mais bien fringale dépravée.

La curiosité m'est venue de savoir comment serait reçu un second mâle par la femelle qui vient d'être fécondée. Le résultat de mon enquête est scandaleux. La Mante, dans bien des cas, n'est jamais assouvie d'embrassements et de festins conjugaux. Après un repos de durée variable, la ponte déjà faite ou non, un second mâle s'accepte, puis se dévore comme le premier. Un troisième lui succède, remplit son office et disparaît mangé. Un quatrième a semblable sort. Dans l'intervalle de deux semaines, je vois ainsi la même Mante user jusqu'à sept mâles. À tous elle livre ses flancs, à tous elle fait payer de la vie l'ivresse nuptiale.

De telles orgies sont fréquentes, à des degrés divers, tout en souffrant des exceptions. Dans les journées très chaudes, à forte tension électrique, elles sont presque la règle générale. En des temps pareils, les Mantes ont leurs nerfs. Sous les cloches à population multiple, les femelles mieux que jamais s'entre-dévorent ; sous les cloches à couples séparés, mieux que jamais les mâles sont traités en vulgaire proie après accouplement.

Comme excuse de ces atrocités conjugales, je voudrais pouvoir me dire : en liberté, la Mante ne se comporte pas de la sorte ; le mâle, sa fonction remplie, a le temps de se garer, d'aller au loin, de fuir la terrible commère, puisque, dans mes volières, un répit lui est donné, parfois jusqu'au lendemain. Ce qui se passe réellement sur les broussailles, je l'ignore, le hasard, pauvre ressource, ne m'ayant jamais renseigné sur les amours de la Mante en liberté. Il faut que je m'en rapporte aux événements des volières, où les captives bien ensoleillées, grassement nourries, amplement logées, ne semblent en aucune façon atteintes de nostalgie. Ce qu'elles font là, elles doivent le faire dans les conditions normales.

Eh bien, ces événements rejettent l'excuse du délai donné aux mâles pour s'éloigner. Je surprends, isolé, l'horrible couple que voici. Le mâle, recueilli dans ses vitales fonctions, tient la femelle étroitement enlacée. Mais le malheureux n'a pas de tête ; il n'a pas de col ; presque pas de corsage. L'autre, le museau retourné sur l'épaule, continue de ronger, fort paisible, les restes du doux amant. Et ce tronçon masculin, solidement cramponné, continue sa besogne !

L'amour est plus fort que la mort, a-t-on dit. Pris à la lettre, jamais l'aphorisme n'a reçu confirmation plus éclatante. Un décapité, un amputé jusqu'au milieu de la poitrine, un cadavre persiste à vouloir donner la vie. Il ne lâchera prise que lorsque sera entamé le ventre, siège des organes procréateurs.

Manger l'amoureux après mariage consommé, faire repas du nain épuisé, désormais bon à rien, cela se comprend, dans une certaine mesure, chez l'insecte peu scrupuleux en matière de sentiment ; mais le croquer pendant l'acte, cela dépasse tout ce qu'oserait rêver une atroce imagination. Je l'ai vu, de mes yeux vu, et ne suis pas encore remis de ma surprise.

Pouvait-il fuir et se garer, celui-là, surpris en sa besogne ? Non certes. Concluons : les amours de la Mante sont tragiques, tout autant, peut-être même plus que celles de l'Araignée. L'espace restreint des volières favorise, je n'en disconviens pas, le massacre des mâles, mais la cause de ces tueries est ailleurs.

Peut-être est-ce une réminiscence des temps géologiques, lorsque, à l'époque houillère, l'insecte s'ébauchait en des ruts monstrueux. Les Orthoptères, dont les Mantes font partie, sont les premiers-nés du monde entomologique. Grossiers, incomplets en transformation, il vaguaient parmi les fougères arborescentes, déjà florissants lorsque n'existait encore aucun des insectes à délicates métamorphoses, Papillons, Scarabées, Mouches, Abeilles. Les mœurs n'étaient pas douces en ces temps de fougue pressée de détruire afin de produire; et les Mantes, faible souvenir des antiques spectres, pourraient bien continuer les amours d'autrefois.

La consommation des mâles comme gibier est en usage chez d'autres membres de la famille mantienne. Volontiers je l'admettrais générale. La petite Mante décolorée, si mignonne, si paisible sous mes cloches, ne cherchant jamais noise à ses voisines malgré population nombreuse, happe son mâle et s'en repaît aussi férocement que le fait la Mante religieuse. Je me lasse en courses pour procurer à mon gynécée le complément indispensable. À peine ma trouvaille, bien ailée, bien alerte, est-elle introduite, qu'elle est le plus souvent griffée et dévorée par l'une de celles qui n'ont plus besoin de son concours. Une fois les ovaires satisfaits, les deux Mantes ont le mâle en horreur, ou plutôt ne voient en lui qu'une exquise pièce de venaison.

LE NID

Montrons sous un meilleur aspect l'insecte aux tragiques amours. Son nid est une merveille. Dans le langage scientifique, on l'appelle oothèque, la « boîte aux œufs ». Je ne ferai pas abus de l'étrange vocable. Du moment qu'on ne dit pas « la boîte aux œufs de pinson » pour dire « le nid de pinson », pourquoi serais-je obligé de recourir à la boîte en parlant de la Mante ? Que ce soit de tournure plus savante, c'est possible ; mais ce ne sont pas là mes affaires.

Aux expositions ensoleillées se trouve, un peu partout, le nid de la Mante religieuse, sur les pierres, le bois, les souches de vigne, les brindilles des arbrisseaux, les tiges sèches des herbages, et jusque sur les produits de l'industrie humaine, fragments de brique, lambeaux de toile grossière, restes racornis de chaussures. Tout support indistinctement suffit, à la condition d'offrir des inégalités où le nid puisse empâter sa base et trouver solide appui.

Quatre centimètres de longueur sur deux de largeur sont les habituelles dimensions. La couleur est blonde comme celle du grain de froment. Exposée à la flamme, la matière brûle assez bien et répand une faible odeur de soie roussie. C'est en effet une substance voisine de la soie, qui, au lieu de s'étirer en fil, se concrète en masse spumeuse. Si le nid est fixé sur un rameau, la base cerne, enveloppe les brindilles voisines et prend une configuration variable suivant les accidents du support; s'il est fixé sur une surface plane, la face inférieure, toujours moulée sur l'appui, est plane elle-même. Le nid prend alors la forme d'un demi-ellipsoïde, plus ou moins obtus à l'un des bouts, effilé à l'autre et même souvent terminé par un court appendice en éperon.

Dans tous les cas, la face supérieure est régulièrement convexe. On y distingue trois zones longitudinales bien accentuées. La médiane, plus étroite que les autres, se compose de lamelles disposées par couples et se recouvrant à la manière des tuiles d'un toit. Les bords de ces lamelles sont libres et laissent deux séries parallèles d'entrebâillements ou de fissures par où se fait la sortie des jeunes au moment de l'éclosion. Dans un nid récemment abandonné, cette zone médiane est hérissée de fines dépouilles, qui s'agitent au moindre souffle et ne tardent pas à disparaître sous les vicissitudes du plein air. Je lui donnerai le nom de zone de sortie, parce que c'est uniquement le long de cette bande que s'accomplit la libération des jeunes, à la faveur des issues ménagées à l'avance. [...]

Résumons ces détails de structure, assez difficiles à saisir pour qui n'a pas l'objet sous les yeux. Suivant l'axe du nid, et semblable de forme à un noyau de datte, est l'ensemble des œufs groupés par assises. Une écorce protectrice, sorte d'écume solidifiée, enveloppe cet amas, sauf en dessus dans la région médiane, où l'écorce spumeuse est remplacée par de minces feuillets juxtaposés. Les extrémités libres de ces feuillets forment à l'extérieur la zone de sortie ; elles s'y imbriquent en deux séries d'écailles et laissent, pour chaque couche d'œufs, un couple d'issues, étroites fissures.

Assister à la confection du nid, voir comment s'y prend la Mante pour édifier ouvrage si complexe, était le point saillant de mon étude. J'y suis parvenu non sans peine, car la ponte se fait à l'improviste et presque toujours de nuit. Après bien d'inutiles attentes, la chance enfin me favorisa. Le 5 septembre, une de mes pensionnaires, fécondée le 29 août, s'avisa de pondre sous mes yeux vers les quatre heures du soir. [...]

L'unique Mante qu'il m'a été donné d'observer au moment de la ponte travaille dans une position renversée, accrochée qu'elle est vers le sommet de la cloche. Ma présence, ma loupe, mes investigations ne la dérangent en rien, tant son œuvre l'absorbe. Je peux enlever le dôme treillissé, l'incliner, le renverser, le tourner et le retourner, sans que l'insecte suspende un moment sa besogne. Je peux, avec des pinces, soulever les longues ailes pour voir un peu mieux ce qui se passe dessous. La Mante ne s'en préoccupe point. Jusque-là, tout est bien : la pondeuse ne bouge pas et se prête impassible à toutes mes indiscrétions d'observateur. N'importe : les choses ne marchent pas au gré de mes désirs, tant l'opération est rapide, et l'examen difficultueux.

Le bout du ventre est constamment immergé dans un flot d'écume qui ne permet pas de bien saisir les détails de l'acte. Cette écume est d'un blanc grisâtre, un peu visqueuse et presque semblable à de la mousse de savon. Au moment de son apparition, elle englue légèrement le bout de paille que j'y plonge. Deux minutes après, elle est solidifiée et n'adhère plus à la paille. En peu de temps, sa consistance est celle que l'on constate sur un nid vieux.

La masse spumeuse se compose en majeure partie d'air emprisonné dans de petites bulles. Cet air, qui donne au nid un volume bien supérieur à celui du ventre de la Mante, ne provient pas évidemment de l'insecte, quoique l'écume apparaisse dès le seuil des organes génitaux ; il est emprunté à l'atmosphère. La Mante construit donc surtout avec de l'air, éminemment apte à protéger le nid contre les intempéries. Elle rejette une composition gluante, analogue au liquide à soie des chenilles ; et de cette composition, amalgamée à l'instant avec l'air extérieur, elle produit l'écume.

Elle fouette son produit comme nous fouettons le blanc des œufs pour le faire gonfler et mousser. L'extrémité de l'abdomen, ouverte d'une longue fente, forme deux amples cuillers latérales qui se rapprochent, s'écartent d'un mouvement rapide, continuel, battent le liquide visqueux et le convertissent en écume à mesure qu'il est déversé au dehors. On voit en outre, entre les deux cuillers bâillantes, monter et descendre, aller et venir, en manière de tige de piston, les organes internes, dont il est impossible de démêler le jeu précis, noyés qu'ils sont dans l'opaque flot mousseux.

Le bout du ventre, toujours palpitant, ouvrant et refermant ses valves avec rapidité, exécute des oscillations de droite à gauche et de gauche à droite à la façon d'un pendule.

De chacune de ces oscillations résultent à l'intérieur une couche d'œufs, à l'extérieur un sillon transversal. À mesure qu'il avance dans l'arc décrit, brusquement, à des intervalles très rapprochés, il plonge davantage dans l'écume, comme s'il enfonçait quelque chose au fond de l'amas mousseux. Chaque fois, à n'en pas douter, un œuf est déposé ; mais les choses se passent si vite et dans un milieu si peu favorable à l'observation que je ne parviens pas une seule fois à voir fonctionner l'oviducte. Je ne peux juger de l'apparition des œufs que par les mouvements du bout du ventre, qui, d'un plongeon brusque, s'immerge davantage.

En même temps, par ondées intermittentes, est déversée la composition visqueuse, que fouettent et convertissent en écume les deux valves terminales. La mousse obtenue s'épanche sur les flancs de la couche d'œufs et à la base, où je la vois faire saillie à travers les mailles du treillis, refoulée qu'elle est par la pression du bout de l'abdomen. Ainsi s'obtient progressivement l'enveloppe spongieuse, à mesure que les ovaires se vident. [...]

Sur un nid récent, la zone de sortie est enduite d'une couche de matière finement poreuse, d'un blanc pur, mat, presque crayeux, qui fait contraste avec le reste du nid, d'un blanc sale. On dirait la composition que les pâtissiers obtiennent avec du blanc d'œuf battu, du sucre et de la fécule, pour agrémenter certains de leurs produits. Cet enduit neigeux est très friable, facile à détacher. Quand il a disparu, la zone de sortie se montre nettement caractérisée, avec sa double série de lamelles à bord libre. Les intempéries, la pluie, le vent l'enlèvent tôt ou tard par lambeaux, par écailles; aussi les vieux nids n'en gardent-ils aucun vestige. [...]

Mais comment s'obtiennent les deux rangées d'écailles et les fissures, les portes de sortie qu'elles abritent? Je l'ignore. Je ne peux même le soupçonner. Je lègue à d'autres la fin du problème.

Quelle merveilleuse mécanique qui déverse avec tant d'ordre et si prestement la gangue cornée du noyau central, la mousse protectrice, l'écume blanche du ruban médian, les œufs, la liqueur fécondante, et peut en même temps édifier des feuillets qui se superposent, des écailles qui s'imbriquent, des fissures libres qui alternent ! On s'y perd. Et cependant, quelle aisance dans le travail ! Accrochée à la toile métallique dans l'axe de son nid, la Mante est immobile. Aucun regard n'est donné à la chose qui s'édifie en arrière ; aucune intervention des pattes ne vient en aide. Cela se fait tout seul. Ce n'est pas ici œuvre industrieuse nécessitant le savoir-faire de l'instinct ; c'est besogne purement machinale, réglée par l'outillage, par l'organisation. Le nid de structure si complexe résulte du jeu seul des organes, comme dans notre industrie se façonnent mécaniquement une foule d'objets dont la perfection mettrait en défaut la dextérité des doigts.

Sous un autre aspect, le nid de la Mante est plus remarquable encore. On y trouve, excellemment appliquée, une des plus belles données de la physique sur la conservation de la chaleur. La Mante nous a devancés dans la connaissance des corps athermanes.

On doit au physicien Rumford[4] l'originale expérience que voici, propre à démontrer la faible conductibilité de l'air pour la chaleur. L'illustre savant plongeait un fromage glacé dans une masse d'écume fournie par des œufs bien battus. Le tout était soumis à la chaleur d'un four. En peu de temps s'obtenait ainsi une omelette soufflée brûlante, au centre de laquelle se trouvait le fromage aussi froid qu'au début. L'air emprisonné dans les bulles de l'écume enveloppante explique cette étrangeté. Matière éminemment athermane, il avait arrêté la chaleur du four, il l'avait empêchée d'arriver au corps central glacé.

4. *Sir* Benjamin Thompson comte de Rumford (1753-1814), physicien américain.

Or, que fait la Mante ? Précisément ce que faisait Rumford : elle fouette sa glaire pour obtenir une omelette soufflée, protectrice des germes rassemblés en noyau central. Son but est inverse, il est vrai ; son écume coagulée doit défendre du froid, et non de la chaleur. Mais ce qui protège contre l'un protège contre l'autre, et l'ingénieux physicien, renversant son expérience, aurait pu, avec la même enveloppe écumeuse, maintenir un corps chaud dans une enceinte froide. [...]

La Mante religieuse commence son nid par le bout obtus et le termine par le bout rétréci. Ce dernier souvent se prolonge en une sorte de promontoire où s'est dépensée, en s'étirant, la dernière goutte du liquide glaireux. Une séance de deux heures environ, sans interruption aucune, est nécessaire pour accomplir la totalité de l'ouvrage.

Aussitôt la ponte terminée, la mère se retire, indifférente. Je m'attendais à la voir se retourner et témoigner quelque tendresse pour le berceau de sa famille. Mais pas le moindre signe de joie maternelle. L'ouvrage est parachevé, plus rien ne la regarde. Des Criquets se sont approchés. L'un même s'est campé sur le nid. La Mante ne fait aucune attention à ces importuns, pacifiques il est vrai. Les chasserait-elle s'ils étaient dangereux et s'ils faisaient mine d'éventrer le coffret aux œufs ? Son impassibilité me dit que non. Que lui importe désormais le nid ? Elle ne le connaît plus.

J'ai dit les accouplements multiples de la Mante religieuse et la fin tragique du mâle, presque toujours dévoré comme vulgaire gibier. Dans l'intervalle d'une paire de semaines, j'ai vu la même femelle convoler en nouvelles noces jusqu'à sept reprises. La veuve si facile à consoler avait, chaque fois, mangé son conjoint. De telles mœurs font prévoir des pontes multiples. Il y en a, en effet, bien qu'elles ne soient pas une règle générale. Parmi mes pondeuses, les unes ne m'ont donné qu'un seul nid ; d'autres en ont fourni deux, aussi volumineux l'un que l'autre. La plus féconde en a produit trois, les deux premiers de grosseur normale, le troisième réduit à la moitié des habituelles dimensions. [...]

De gros volume, de structure curieuse et d'ailleurs bien en évidence sur sa pierre ou sa broussaille, le nid de la Mante religieuse ne pouvait manquer d'attirer l'attention du paysan provençal. Il est très connu en effet, dans les campagnes, où il porte le nom de *tigno* ; il a même haute renommée. Nul cependant ne semble s'être informé de son origine. C'est toujours sujet de surprise pour mes rustiques voisins lorsque je leur apprends que la célèbre *tigno* est le nid du vulgaire *Prègo-Diéu*. Cette ignorance pourrait bien avoir pour cause la ponte nocturne de la Mante. L'insecte n'a pas été surpris travaillant à son nid dans le mystère de la nuit, et le trait d'union, fait défaut entre l'ouvrier et l'ouvrage, l'un et l'autre cependant connus de tous au village.

N'importe : le singulier objet existe ; il attire le regard, il captive l'attention. Donc cela doit être bon à quelque chose, cela doit avoir des vertus. Ainsi de tout temps a raisonné le naïf espoir de trouver dans l'étrange un soulagement à nos misères.

D'un accord général, la pharmacopée rurale, en Provence, vante la *tigno* comme le meilleur des remèdes contre les engelures. Le mode d'emploi est plus simple. On coupe la chose en deux, on la comprime et l'on frictionne la partie malade avec la section ruisselante de suc. Le spécifique est souverain, à ce qu'on dit. Qui ressent aux doigts le prurit d'enflures violacées ne manque pas de recourir à la *tigno*, suivant les us traditionnels. En est-il réellement soulagé ?

Malgré l'unanime croyance, je me permettrai d'en douter, après les essais infructueux tentés sur moi-même et sur quelques personnes de ma maisonnée pendant l'hiver 1895, si fertile en misères épidermiques par ses froids rigoureux et prolongés. Nul de nous, enduit du célèbre onguent, n'a vu diminuer ses enflures digitales ; nul n'a senti les démangeaisons se calmer un peu sous le vernis albumineux de la *tigno* écrasée. Il est à croire que l'insuccès est pareil chez les autres, et, malgré tout, la renommée populaire du spécifique se maintient, probablement à cause d'une simple similitude de nom entre le remède et l'infirmité : en provençal, engelure se dit *tigno.* Du moment que le nid de la Mante religieuse et l'engelure ont même dénomination, les vertus du premier ne sont-elles pas évidentes ? Ainsi se créent les réputations.

Dans mon village, et sans doute quelque peu à la ronde, la *tigno* – entendons ici le nid de la Mante – est en outre préconisée comme odontalgique merveilleux. Il suffit de l'avoir sur soi pour être affranchi du mal de dents. Les bonnes femmes la cueillent en lune favorable ; elles la conservent religieusement dans un recoin de l'armoire ; elles la cousent au fond de la poche, crainte de la perdre en retirant le mouchoir ; elles se l'empruntent entre voisines si quelque molaire s'endolorit.

« Prête-moi la *tigno* : je souffre le martyre », fait la dolente à joue fluxionnée. L'autre s'empresse de découdre et de transmettre le précieux objet. « Ne la perds pas, au moins, recommande-t-elle ; je n'en ai pas d'autre, et nous ne sommes plus en bonne lune ».

N'allons pas rire de l'extravagant odontalgique : bien des remèdes qui s'étalent triomphalement à la quatrième page des journaux ne sont pas plus efficaces. D'ailleurs ces naïvetés rurales sont dépassées par quelques vieux livres où dort la science d'autrefois. Un naturaliste anglais du XVIe siècle, le médecin Thomas Moufet[5], nous raconte que les enfants égarés dans la campagne s'adressent à la Mante pour retrouver leur chemin. L'insecte consulté, étendant la patte, indique la direction à suivre ; et presque jamais il ne se trompe, ajoute l'auteur. Ces belles choses-là sont dites avec une adorable bonhomie. *Tam divina censetur bestiola, ut puero inter-*

5. Thomas Muffet ou Moffet (v. 1552-1604), médecin et naturaliste anglais puritain.

roganti de via, extento digito rectam monstrat, atque raro vel nunquam fallat[6].

Où le crédule érudit a-t-il puisé ce joli conte ? Ce n'est pas en Angleterre, où, la Mante ne peut vivre ; ce n'est pas en Provence, où ne se trouve nulle part trace de la puérile interrogation. Aux imaginations du vieux naturaliste, je préfère, encore les vertus mirobolantes de la *tigno.*

L'ÉCLOSION

Par un beau soleil du milieu de juin, vers les dix heures du matin, se fait habituellement l'éclosion des œufs de la Mante religieuse. La bande médiane ou zone de sortie est la seule région du nid qui donne issue aux jeunes.

6. Cette bestiole est considérée comme si divinement inspirée que, à un enfant qui lui demande sa route, elle montre le droit chemin en tendant une patte ; et elle se trompe rarement ou même jamais.

Sous chaque feuillet de cette zone, on voit lentement poindre une protubérance obtuse, diaphane, suivie de deux gros points noirs, qui sont les yeux. Doucement, le nouveau-né glisse sous la lame et se dégage à demi. Est-ce la petite Mante avec sa forme larvaire, si voisine de celle de l'adulte ? Pas encore. C'est une organisation transitoire. La tête est opalescente, obtuse, turgide, avec palpitations causées par l'afflux du sang. Le reste est teinté de jaune rougeâtre. On distingue très bien, sous une tunique générale, les gros yeux noirs louchis par le voile qui les recouvre, les pièces de la bouche, étalées contre la poitrine, les pattes collées au corps d'avant en arrière. En somme, exception faite des pattes très apparentes, le tout, avec sa grosse tête obtuse, ses yeux, sa fine segmentation abdominale, sa forme naviculaire, rappelle un peu l'état initial des Cigales au sortir de l'œuf, état dont un minuscule poisson sans nageoires donne une image assez exacte.

Voilà donc un second exemple d'une organisation de très courte durée ayant pour office d'amener au jour, à travers les défilés difficiles, un animalcule dont les membres libres seraient, par leur longueur, insurmontable embarras. Pour sortir de l'étroite galerie de son rameau, galerie hérissée de fibres ligneuses, encombrée de coques déjà vides, la Cigale naît emmaillotée, avec la forme naviculaire, éminemment favorable à un doux glissement.

La jeune Mante est exposée à des difficultés analogues. Elle doit émerger des profondeurs du nid par des voies tortueuses, enserrées, où des membres fluets, longuement étalés, ne sauraient trouver place. Les hautes échasses, les harpons de rapine, les fines antennes, organes qui tout à l'heure seront de si grande utilité sur les broussailles, entraveraient maintenant la sortie, la rendraient très laborieuse, impossible. L'animalcule naît donc emmailloté et affecte, lui aussi, la configuration naviculaire.

Le cas de la Cigale et celui de la Mante nous ouvrent un nouveau filon dans l'inépuisable mine entomologique. J'en extrais cette loi, que d'autres faits analogues, glanés un peu partout, ne manqueront certainement pas de confirmer. La vraie larve n'est pas toujours le produit direct de l'œuf. Si le nouveau-né est exposé à des difficultés spéciales de libération, une organisation accessoire, que je continue d'appeler larve primaire, précède l'état larvaire véritable et a pour fonction d'amener un jour l'animalcule impuissant à se libérer lui-même.

Reprenons notre récit. Sous les lamelles de la zone de sortie, les larves primaires se montrent. Dans la tête se fait un puissant afflux d'humeurs, qui la ballonnent, la convertissent en une hernie diaphane, à continuelles palpitations. Ainsi se prépare la machine de rupture. En même temps, à demi engagé sous son écaille, l'animalcule oscille, avance, se retire. Chacune de ces oscillations est accompagnée d'un accroissement dans la turgescence céphalique. Enfin le prothorax fait gros dos, la tête s'infléchit fortement vers la poitrine. La tunique se rompt sur le prothorax. La bestiole tiraille, se démène, oscille, se courbe, se redresse. Les pattes sont extraites de leurs fourreaux ; les antennes, deux longs fils parallèles, se libèrent semblablement. L'animal ne tient plus au nid que par un cordon en ruine. Quelques secousses achèvent la délivrance.

Voilà l'insecte avec sa véritable forme larvaire. Il reste en place une sorte de cordon irrégulier, une nippe informe que le moindre souffle agite comme un frêle duvet. C'est, réduite à un chiffon, la casaque de sortie violemment dépouillée.

Ma surveillance a manqué l'instant de l'éclosion pour la Mante décolorée. Le peu que je sais se réduit à ceci : à l'extrémité du bec ou promontoire qui termine le nid en avant, se voit une petite tache d'un blanc mat, formée d'une écume friable, de très faible résistance. Ce pore rond, à peine barricadé d'un tampon spumeux, est l'unique issue du nid, partout ailleurs robustement fortifié. Il remplace la longue zone d'écailles par où se libère la Mante religieuse. C'est par là que les jeunes doivent un à un émerger de leur coffret. La chance ne me sert pas pour assister à l'exode, mais, peu après la sortie de la famille, je vois pendiller, sur le seuil du pore libérateur, un bouquet informe de dépouilles blanches, pellicules subtiles qu'un souffle dissipe. Ce sont les défroques rejetées par les jeunes en paraissant à l'air libre, les témoins d'une enveloppe transitoire qui permet de se mouvoir dans le labyrinthe du nid. La Mante décolorée a donc aussi sa larve primaire, qui s'empaquette dans un étroit fourreau, propice à l'évasion. Juin est l'époque de cette sortie.

Revenons à la Mante religieuse. L'éclosion ne se fait pas dans la totalité du nid à la fois, mais bien par fractions, par essaim successifs que peuvent séparer des intervalles de deux jours et davantage. L'extrémité pointue, peuplée des derniers œufs, ordinairement débute.

Cette inversion chronologique, qui appelle au jour le dernier avant le premier, pourrait bien avoir pour cause la forme du nid. Le bout atténué, mieux accessible au stimulant d'une belle journée, s'éveille avant le bout obtus, qui, plus volumineux, ne gagne pas aussi vite la somme de chaleur nécessaire.

Parfois néanmoins, quoique toujours fractionnée par essaims, l'éclosion embrasse toute la longueur de la zone de sortie. C'est spectacle frappant que le brusque exode d'une centaine de jeunes Mantes. À peine un animalcule montre-t-il ses yeux noirs sous une lame, que d'autres soudain apparaissent, nombreux. On dirait que certain ébranlement se communique de proche en proche, qu'un signal d'éveil se transmet, tant l'éclosion se propage rapidement à la ronde. Presque en un instant, la bande médiane est couverte de jeunes Mantes qui tumultueusement s'agitent, se dépouillent de leurs nippes rompues.

Les agiles bestioles séjournent peu de temps sur le nid. Elles se laissent choir ou bien grimpent sur la verdure voisine. En moins d'une vingtaine de minutes tout est fini. Le berceau commun rentre dans le repos pour fournir nouvelle légion quelques jours après, jusqu'à épuisement.

Aussi souvent que je l'ai voulu, j'ai assisté à ces exodes, soit dans le plein air de l'enclos, où j'avais établi, en bonne exposition, les nids recueillis un peu partout pendant les loisirs de l'hiver; soit dans la retraite d'une serre, où je croyais, naïf, mieux sauvegarder la naissante famille; vingt fois pour une, j'ai assisté à l'éclosion, et j'ai toujours eu sous les yeux une scène d'inoubliable carnage. Des germes, elle peut en procréer par mille, la Mante au ventre rebondi : elle n'en a pas de trop pour tenir tête aux dévorants qui doivent émonder la race dès la sortie de l'œuf.

Les Fourmis surtout sont ardentes à l'extermination. Je surprends chaque jour sur mes rangées de nids leurs visites de mauvais augure. J'ai beau intervenir, de façon très sérieuse même, leur assiduité ne faiblit pas. Rarement elles parviennent à faire brèche dans la forteresse – c'est trop difficile – mais, friandes des tendres chairs en formation là-dedans, elles attendent l'occasion favorable, elles épient la sortie.

Malgré ma quotidienne surveillance, elles sont là, aussitôt, les jeunes Mantes parues. Elles les happent par le ventre, les extirpent de leurs fourreaux, les dépècent. C'est une lamentable mêlée de tendres nouveau-nés qui gesticulent pour tout moyen de défense, et de féroces forbans chargés de dépouilles opimes au bout des mandibules. En moins de rien, le massacre des innocents est consommé. Il ne reste de la populeuse famille que de rares survivants échappés par hasard.

Le futur bourreau des insectes, l'effroi du Criquet sur les broussailles, le terrible mangeur de chair fraîche, est mangé, dès sa naissance, par l'un des moindres, la Fourmi. L'ogre, prolifique à outrance, est limité de famille par le nain. Mais la tuerie est de courte durée. Dès qu'elle a pris un peu de consistance à l'air et qu'elle s'est affermie sur ses jambes, la Mante n'est plus attaquée. Allègrement elle trottine parmi les fourmis, qui s'écartent sur son passage, n'osant plus l'appréhender. Les pattes ravisseuses ramenées sur la poitrine, comme des bras prêts à la boxe, elle leur en impose déjà par sa fière contenance.

Un second amateur de chairs tendres n'a souci de ces menaces. C'est le petit Lézard gris, l'ami des murailles ensoleillées. Averti de la curée je ne sais comment, le voici qui cueille une à une, du bout de sa fine langue, les errantes bestioles échappées aux Fourmis. C'est petite bouchée, mais exquise, paraît-il, si j'en crois les clignotements du reptile. Pour chaque misérable avalée, sa paupière se ferme à demi, signe de profonde satisfaction. Je chasse le téméraire, opérant sa razzia sous mes yeux. Il revient, et cette fois il paye chèrement son audace. Si je le laissais faire, il ne me resterait rien.

Est-ce tout ? Pas encore. Un autre ravageur, le moindre de tous, mais non le moins redoutable, a devancé le Lézard et la Fourmi. C'est un très petit hyménoptère armé d'une sonde, un Chalcidien[7], qui établit ses œufs dans le nid récent. La nichée de la Mante a le même sort que celle de la Cigale : une vermine parasite en attaque les germes, en vide les coques. De beaucoup de mes récoltes, je n'obtiens rien ou presque rien. Le Chalcidien a passé par là.

Recueillons ce que me laissent les divers exterminateurs, connus ou inconnus. Nouvellement éclose, la larve est pâle, d'un blanc lavé de jaune. Sa hernie céphalique rapidement diminue, disparaît. Sa couleur ne tarde pas à se foncer, et devient d'un brun clair dans les vingt-quatre heures. Très agile, la petite Mante redresse les pattes ravisseuses, les ouvre, les referme ; elle tourne la tête à droite et à gauche, elle recourbe l'abdomen.

---

7. Petit insecte hyménoptère aptère.

La larve en plein développement n'a pas tournure plus alerte. Quelques minutes la famille stationne, grouille sur le nid, puis se dissémine au hasard sur le sol, sur les plantes voisines.

J'installe sous cloche quelques douzaines d'émigrantes. Avec quoi nourrir ces futures chasseresses ? Avec du gibier, c'est tout clair. Mais lequel ? À ces minuscules, je ne peux offrir que des atomes. Je leur sers un rameau de rosier chargé de pucerons verts. Le pou dodu, tendre morceau proportionné à la faiblesse des convives, est absolument dédaigné. Pas un des captifs n'y touche.

J'essaye des moucherons, les moindres que le hasard jette dans mon filet battant les herbes. Même refus obstiné. Je présente des morceaux de mouche, appendus çà et là au grillage de la cloche. Nul n'accepte mes quartiers de venaison. Le Criquet peut-être les tentera, le Criquet passion de la Mante adulte ? De fastidieuses recherches me mettent en possession de ce que je désire. Le menu consistera cette fois en quelques acridiens d'éclosion récente. Si jeunes qu'ils soient, ils ont déjà la taille de mes nourrissons. Les petites Mantes en voudront-elles ? Elles n'en veulent pas : devant la proie si menue, elles fuient effarées.

Que vous faut-il donc ? Sur les broussailles natales, quel gibier autre pouvez-vous rencontrer ? Je n'entrevois rien. Auriez-vous un régime spécial du jeune âge, végétarien peut-être ? Consultons même l'improbable. Ce que la laitue a de plus tendre dans son cœur est refusé. Sont refusés les divers herbages que je m'ingénie à varier ; sont refusées les gouttes de miel que je dépose sur des épis de lavande. Toutes mes tentatives échouent, et mes captives périssent d'inanition.

Cet échec a sa valeur. Il semble affirmer une alimentation transitoire que je n'ai pas su découvrir. Autrefois les larves des Méloïdes[8] me causèrent bien des ennuis, avant de

8. Famille d'insectes coléoptères.

savoir qu'il leur faut pour premier aliment l'œuf de l'Apiaire[9] dont elles consommeront après les provisions en miel. Peut-être les jeunes Mantes réclament-elles aussi, au début, des bouchées spéciales, en rapport avec leur débilité. Je ne me figure pas bien, malgré son air décidé, la faible bestiole giboyant. L'assailli, quel qu'il soit, rue, se trémousse, se défend, et l'assaillante n'est pas encore en mesure de parer au simple coup d'aile d'un moucheron. De quoi donc se nourrit-elle? Je ne serais pas surpris qu'il y eût des faits intéressants à glaner dans cette question des vivres du jeune âge.

Ces dédaigneuses, si difficiles à nourrir, périssent plus misérablement encore que par la faim. À peine nées, elles sont la proie de la Fourmi, du Lézard et d'autres ravageurs qui guettent, patients, l'éclosion de l'exquise provende. L'œuf lui-même n'est pas respecté. Un infime sondeur inocule sa ponte dans le

9. Tribu d'insectes hyménoptères, comprenant les abeilles et autres espèces voisines.

nid à travers le rempart d'écume solidifiée ; il y établit sa famille, qui, plus précoce, détruit en germe celle de la Mante. Combien nombreux les appelés, et combien réduits les élus ! Ils étaient un millier peut-être, issus d'une même mère capable de trois nichées. Un seul couple échappe à l'extermination, un seul fait race, puisque le nombre se maintient à peu près le même d'une année à l'autre.

Ici se pose grave question. La Mante aurait-elle acquis par degrés son actuelle fécondité ? À mesure que l'émondage par la Fourmi et les autres réduisait sa descendance, aurait-elle gonflé ses ovaires de germes plus nombreux, afin de balancer l'excès de destruction par un excès de production ? L'énorme ponte d'aujourd'hui serait-elle la conséquence des ruines d'autrefois ? Ainsi le pensent quelques-uns, enclins, sans preuves convaincantes, à voir dans l'animal des modifications encore plus profondes amenées par les circonstances.

Devant ma fenêtre se dresse, sur le talus du bassin, un superbe cerisier. Il est venu là par hasard, robuste sauvageon, indifférent à mes prédécesseurs, respecté aujourd'hui pour son ample branchage bien plus que pour ses fruits, de qualité fort médiocre. En avril, c'est une splendide coupole de satin blanc. Il neige sous sa ramée ; les pétales tombés font tapis. Bientôt, à profusion, rougissent les cerises. Ô mon bel arbre, que tu es prodigue ! que de corbeilles tu remplirais !

Aussi, quelle fête là-haut ! Informé le premier des cerises mûres, le Moineau, matin et soir, y vient, par bandes, picorer et piailler ; il avertit les amis du voisinage, le Verdier, la Fauvette, qui accourent et font régal des semaines durant. Des Papillons volent d'une cerise entamée à l'autre et puisent de délicieuses lampées. Des Cétoines[10] mordent sur les fruits à pleines bouchées, puis s'endorment repues. Des Guêpes, des Fre-

10. Insectes coléoptères.

lons crèvent les outres sucrées où viennent après eux s'enivrer les Moucherons. Un asticot dodu, établi au sein même de la pulpe, béatement fait ventre de sa demeure juteuse, devient gros et s'engraisse. Il se lèvera de table pour se changer en une élégante Mouche.

À terre, le banquet a d'autres convives. Des cerises tombées, tout un monde de piétons fait liesse. De nuit, les Mulots viennent cueillir les noyaux dépouillés par les Cloportes, les Forficules[11], les Fourmis, les Limaces ; ils les thésaurisent au fond de leurs terriers. Dans les loisirs de l'hiver, ils les perceront d'un trou pour en gruger l'amande. Un peuple sans nombre vit du généreux cerisier.

Que faudrait-il à l'arbre pour le remplacer un jour et maintenir sa race dans un état de prospérité harmonieusement équilibrée ? Une seule semence suffirait, et chaque année

11. Famille d'insectes dont le représentant le plus connu est le perce-oreille (*Forficula auricularia*).

il en donne des boisseaux et des boisseaux. Pourquoi, s'il vous plaît ?

Dirons-nous que le cerisier, très économe de fruits au début, est par degrés devenu prodigue afin d'échapper à la multitude de ses exploiteurs ? Dirons-nous de lui comme de la Mante : « La destruction excessive a petit à petit provoqué l'excessive production ? » Qui oserait s'aventurer dans ces témérités-là ? Ne saute-t-il pas aux yeux que le cerisier est une de ces usines où se travaillent les éléments changés en matières organiques, un de ces laboratoires où se fait la transmutation de la chose morte en la chose apte à la vie ? Sans doute, il mûrit des cerises pour se perpétuer mais c'est le petit nombre, le très petit nombre. Si toutes ses semences devaient germer et se développer en plein, depuis longtemps il n'y aurait pas place sur la terre pour le seul cerisier. À l'immense majorité de ses fruits revient un autre rôle. Ils servent de nourriture à une foule de vivants, non habiles, comme le végétal, dans la chimie transcendante qui de l'immangeable fait le mangeable.

La matière, pour être appelée aux suprêmes manifestations de la vie, exige de lentes et très délicates élaborations. Cela débute dans l'officine de l'infiniment petit, chez le microbe par exemple, dont l'un, plus puissant que les violences de la foudre, associe l'oxygène à l'azote et prépare les nitrates, aliment primordial des végétaux. Cela commence sur les confins du néant, se perfectionne dans la plante, s'affine encore dans l'animal, et de progrès en progrès peut monter jusqu'à la substance du cerveau.

Que d'ouvriers occultes, que d'ignorés manipulateurs ont travaillé, des siècles durant peut-être, à l'extraction minérale, puis à l'affinage de cette pulpe qui devient le cerveau, le plus merveilleux des outils de l'âme, ne serait-il capable que de nous faire dire : « Deux et deux font quatre ! »

La fusée qui monte réserve pour le point culminant de son ascension l'éblouissant jet de ses feux multicolores. Puis tout rentre dans le noir. De ses fumées, de ses gaz, de ses oxydes, d'autres explosifs pourront à la longue se reconstituer par la voie de la végétation. Ainsi fait la matière dans ses métamorphoses. D'une étape à l'autre, d'un affinage délicat à un autre plus délicat, il lui arrive d'atteindre les hauteurs où éclatent, par son intermédiaire, les magnificences de la pensée ; puis, brisée par l'effort, elle revient à cette chose sans nom d'où elle était partie, à ces ruines moléculaires, origine commune des vivants.

En tête des assembleurs de matière organique est la plante, l'aînée de l'animal. De façon directe ou de façon indirecte, elle est aujourd'hui, comme dans les temps géologiques, le premier fournisseur des êtres mieux doués en vie. Dans l'officine de sa cellule se prépare, se dégrossit au moins l'universel manger. L'animal vient, qui retouche la préparation, l'améliore et la transmet à d'autres d'ordre plus élevé. Du gazon brouté se fait chair de mouton, et de celle-ci se fait chair d'homme ou chair de loup, suivant le consommateur.

Parmi les arrangeurs d'atomes nourriciers qui ne créent pas la matière organique de toutes pièces, en partant du minéral comme le fait la plante, les plus prolifiques sont les poissons, premiers-nés des animaux à charpente osseuse. Demandez à la morue ce qu'elle fait de ses millions d'œufs. Sa réponse sera celle du hêtre avec ses myriades de faînes, celle du chêne avec ses myriades de glands.

Elle est immensément féconde afin de nourrir une immensité d'affamés. Elle continue l'œuvre de ses prédécesseurs dans les anciens âges, alors que la nature, peu riche encore de matière organique, se hâtait d'augmenter ses réserves vitales en donnant prodigieuse exubérance à ses ouvriers de la première heure.

La Mante, comme le poisson, remonte à ces lointaines époques. Sa forme étrange, ses rudes mœurs nous l'ont appris. La richesse de ses ovaires nous le répète. Elle garde dans ses flancs un reste affaibli de la fougue procréatrice d'autrefois sous l'ombrage humide des fougères en arbre ; elle contribue pour une part, très modeste il est vrai, mais enfin réelle, à la sublime alchimie des choses vivantes.

Serrons de près son travail. Du gazon verdoie, nourri par la terre. Le Criquet le broute. La Mante fait repas du Criquet et se gonfle d'œufs, pondus, en trois paquets, au nombre d'un millier. À l'éclosion survient la Fourmi, qui prélève tribut énorme sur la nichée. Nous rétrogradons, ce semble. En importance de volume, oui ; en instinct raffiné, certes non. Sous ce rapport, combien la Fourmi est supérieure à la Mante ! D'ailleurs le cycle des événements possibles n'est pas clos.

Avec de jeunes fourmis encore closes dans leur cocon – vulgairement œufs de fourmi – s'élève la couvée du faisan, volaille domestique aux mêmes titres que la poularde et le chapon, mais coûteuse de soins et d'entretien. Devenue forte, cette volaille est lâchée à travers bois, et des gens, se disant civilisés, prennent un plaisir extrême à cribler de coups de fusil les pauvres bêtes qui ont perdu dans les faisanderies, disons tout bonnement dans le poulailler, l'instinct de se sauver. On coupe la gorge au poulet réclamé par la broche ; on fusille, avec tout l'apparat des grandes chasses, cet autre poulet, le faisan. Je ne comprends pas ces massacres insensés.

Tartarin de Tarascon, le gibier manquant, tirait sur sa casquette. J'aime mieux cela. J'aime mieux surtout la chasse, la véritable chasse à un autre passionné consommateur de fourmis, le Torcol[12], le *Tiro-lengo* des Provençaux, ainsi dénommé de son art consistant à étendre en travers d'une procession de fourmis sa langue visqueuse et démesurée, puis à la retirer brusquement, lorsqu'elle est toute noire d'insectes englués. Avec telles bouchées, l'oiseau devient en automne scan-

---

12. Oiseau (*Jynx torquilla*) de la famille des Picidés.

daleusement gras ; il se plaque de beurre le croupion, le dessous de l'aile, les flancs ; il s'en fait un chapelet tout le long du cou ; il s'en matelasse le crâne jusqu'à la base du bec.

C'est alors délicieux rôti, petit, j'en, conviens, de la taille au plus d'une alouette, mais, dans sa petitesse, à nul autre pareil. Combien lui est inférieur le faisan, qui, pour acquérir goût relevé, exige un commencement de pourriture !

Que je puisse au moins une fois rendre justice au mérite des plus humbles ! Lorsque, la table levée après le repas du soir, la tranquillité faite, le corps affranchi momentanément des misères physiologiques, il m'arrive de cueillir par-ci par-là quelques bonnes idées, il peut se faire que la Mante, le Criquet, la Fourmi, de moindres encore, contribuent à ces éclaircies soudaines surgies dans l'esprit on ne sait ni pourquoi ni comment. Par d'inextricables détours, ils ont fourni, chacun à sa manière, la goutte d'huile où s'alimente le lumignon de la pensée. Leurs énergies, lentement ébauchées, économisées et transmises par des prédécesseurs, s'infusent dans nos veines et soutiennent nos défaillances. Nous vivons de leur mort.

Concluons. La Mante, prolifique à l'excès, fait à son tour de la matière organique, dont héritera la Fourmi, dont héritera le Torcol, dont héritera peut-être l'Homme. Elle procrée mille, un peu pour se perpétuer, beaucoup pour contribuer, suivant ses moyens, au pique-nique général des vivants. Elle nous ramène à l'antique symbole du serpent qui se mord la queue. Le monde est un cercle revenant sur lui-même : tout finit afin que tout recommence ; tout meurt afin que tout vive.

DANS LA MÊME COLLECTION

Amours et priapées

HENRI CANTEL

Ami de Vigny et l'un des premiers disciples de Baudelaire, Henri Cantel (1825-1878), est l'auteur d'un chef-d'œuvre de la poésie érotique, réédité pour la première fois depuis un siècle et demi. Sans le génie cru d'un Pierre Louÿs, il s'inscrit dans une grande tradition de la poésie érotique à laquelle des auteurs aussi divers que Jean de La Fontaine ou Théophile Gautier ont donné leurs lettres de noblesse. Dans ces soixante-dix poèmes, dont bon nombre sont des sonnets, Cantel décline les deux thématiques de son titre, des amours souvent malheureuses, aux accents romantiques très baudelairiens, et des poèmes érotiques qui, bien que présentés comme priapiques, représentent souvent des scènes lesbiennes.

EXTRAIT

À L'AMOUR

Amour, supplice heureux, rêverie enflammée,
Toi qui sous le soleil tiens la terre pâmée,
Dieu de la volupté, des sanglots et des pleurs,
Sur tes brûlants autels coule le sang des cœurs.

DANS LA MÊME COLLECTION

A-Dreuz

VICTOR SEGALEN

A-Dreuz an Arvor est non seulement le premier texte connu de Victor Segalen, mais il est également l'un des rares qu'il ait consacré à sa Bretagne natale. Récit d'un périple en bicyclette entrepris à l'été 1899 dans le Finistère, on sent percer toutes les thématiques qui habiteront son œuvre : la recherche d'un passé enfoui, légendaire, païen, dans lequel il a voulu trouver une forme de vérité qui n'ait pas été gâtée par le catholicisme.

Dans un monde sonore se présente comme une version moderne du mythe d'Orphée. L'ami auquel le narrateur rend visite vit dans un univers exclusivement sonore, grâce à une pièce aménagée spécialement avec des appareils sophistiqués. Malgré le bonheur suprême qu'il y trouve, il lui faudra redescendre dans les Enfers du monde d'ici-bas, où l'oblige à retourner sa femme, nouvelle Eurydice qui ne l'entend pas de cette oreille...

EXTRAIT

Quimper est loin déjà. La route ondule à peine, mais rocaille ; les roues chassent dans les flaques de poussière, les landes se dénudent, pas une ombre.

DANS LA MÊME COLLECTION

Fragments trouvés sur un bureau

HERMAN MELVILLE

Premier texte connu de Herman Melville, l'auteur de Moby Dick et de Bartleby, écrit et publié à vingt ans, le diptyque des « Fragments trouvés sur un bureau » aborde une thématique plutôt rare dans son œuvre : une célébration de la beauté séraphique des femmes, de l'amour et de l'érotisme. Mélangeant l'allégorie et le grotesque, il compose deux courts contes inédits qui ne sont pas sans rappeler l'atmosphère gothique et mystérieuse des Histoires extraordinaires d'Edgar Allan Poe, dans lesquelles Melville aurait introduit une touche inattendue de burlesque. La description et la quête de ses héroïnes vont de pair, chez le narrateur, avec une formidable énergie sexuelle, ce qui fait de ces « Fragments » une ode à l'éternel féminin où l'humour sert en quelque sorte de contrepoison à la mélancolie dont se paraient les jeunes filles de son temps pour attirer dans leurs rets leurs prétendants, en réfrénant leur fougue et leurs ardeurs...

EXTRAIT

Pollux ! qu'il est agréable d'avoir une bonne opinion de soi !